优秀技术工人
百工百法丛书

# 王刚
# 工作法

## 高精度铰孔
## 精准控制

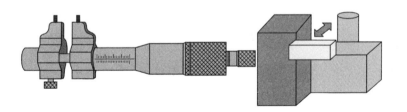

中华全国总工会 组织编写

王　刚著

中国工人出版社

技术工人队伍是支撑中国制造、中国创造的重要力量。我国工人阶级和广大劳动群众要大力弘扬劳模精神、劳动精神、工匠精神，适应当今世界科技革命和产业变革的需要，勤学苦练、深入钻研，勇于创新、敢为人先，不断提高技术技能水平，为推动高质量发展、实施制造强国战略、全面建设社会主义现代化国家贡献智慧和力量。

——习近平致首届大国工匠创新交流大会的贺信

# 优秀技术工人百工百法丛书

## 编委会

编委会主任：徐留平

编委会副主任：马 璐 潘 健

编委会成员：王晓峰 程先东 王 铎
　　　　　　康华平 高 洁 李庆忠
　　　　　　蔡毅德 陈杰平 秦少相
　　　　　　刘小昶 李忠运 董 宽

# 序

党的二十大擘画了全面建设社会主义现代化国家、全面推进中华民族伟大复兴的宏伟蓝图。要把宏伟蓝图变成美好现实,根本上要靠包括工人阶级在内的全体人民的劳动、创造、奉献,高质量发展更离不开一支高素质的技术工人队伍。

党中央高度重视弘扬工匠精神和培养大国工匠。习近平总书记专门致信祝贺首届大国工匠创新交流大会,特别强调"技术工人队伍是支撑中国制造、中国创造的重要力量",要求工人阶级和广大劳动群众要"适应当今世界科技革命和产业变革的需要，勤学苦练、深入钻研，勇于创新、敢为人先，不断提高技术技能水平"。这些亲切关怀和殷殷厚望，激励鼓舞着亿万职工群众弘扬劳模精神、劳动精神、工匠精神，奋进新征程、建功新时代。

近年来，全国各级工会认真学习贯彻习近平总书记关于工人阶级和工会工作的重要论述，特别是关于产业工人队伍建设改革的重要指示和致首届大国工匠创新交流大会贺信的精神，进一步加大工匠技能人才的培养选树力度，叫响做实大国工匠品牌，不断提高广大职工的技术技能水平。以大国工匠为代表的一大批杰出技术工人，聚焦重大战略、重大工程、重大项目、重点产业，通过生产实践和技术创新活动，总结出先进的技能技法，产生了巨大的经济效益和社会效益。

深化群众性技术创新活动，开展先进操作

法总结、命名和推广，是《新时期产业工人队伍建设改革方案》的主要举措。为落实全国总工会党组书记处的指示和要求，中国工人出版社和各全国产业工会、地方工会合作，精心推出"优秀技术工人百工百法丛书"，在全国范围内总结 100 种以工匠命名的解决生产一线现场问题的先进工作法，同时运用现代信息技术手段，同步生产视频课程、线上题库、工匠专区、元宇宙工匠创新工作室等数字知识产品。这是尊重技术工人首创精神的重要体现，是工会提高职工技能素质和创新能力的有力做法，必将带动各级工会先进操作法总结、命名和推广工作形成热潮。

此次入选"优秀技术工人百工百法丛书"作者群体的工匠人才，都是全国各行各业的杰出技术工人代表。他们总结自己的技能、技法和创新方法，著书立说、宣传推广，能让更多人看到技术工人创造的经济社会价值，带动更多产业工人积极提高自身技术技能水平，更好地助力高质量发展。中小微企业对工匠人才的孵化培育能力要弱于大型企业，对技术技能的渴求更为迫切。优秀技术工人工作法的出版，以及相关数字衍生知识服务产品的推广，将对中小微企业的技术进步与快速发展起到推动作用。

当前，产业转型正日趋加快，广大职工对于技术技能水平提升的需求日益迫切。为职工群众创造更多学习最新技术技能的机会和条件，传播普及高效解决生产一线现场问题的工法、技法和创新方法，充分发挥工匠人才的"传帮带"作用，工会组织责无旁贷。希望各地工会能够总结、命名和推广更多大国工匠和优秀技术工人的先进工作法，培养更多适应经济结构优化和产业转型升级需求的高技能人才，为加

快建设一支知识型、技术型、创新型劳动者大
军发挥重要作用。


中华全国总工会兼职副主席、大国工匠

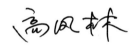

# 作者简介
## About The
## Author

**王 刚**

　　航空工业沈阳飞机工业（集团）有限公司"王刚班"班长，航空工业首席技能专家、铣工高级技师。曾获得"全国劳动模范""央企楷模""中华技能大奖""航空航天月桂奖之大国工匠奖""中国质量工匠""全国技术能手""全国五一劳动奖章""全国青年岗位能手"等荣誉称号，国家级劳模创新工作室和国家级技能大师工作室带头人。

王刚在航空武器装备研制生产一线已工作 25 年，练就了精湛技艺，积累了丰富经验，曾经两次夺得全国职业技能大赛冠军。他在高精度零件加工、薄壁件加工等方面掌握了一系列行业领先技法，解决了大量生产技术难题，完成了数百项技术革新和工艺改进，还创造了 20 余年无废品的最优纪录。

　　多年来，王刚充分发挥引领示范作用，带领出以"王刚班"为代表的多个优秀团队，开创了技能人才培养的新模式，培育出一大批高技能人才。"王刚班"的成功形成了辐射效应，其典型经验被广泛学习和借鉴，带动了技能人才群体的发展。王刚劳模创新工作室作为职工创新的领军团队，能够快速解决生产中的各种"疑难杂症"，被称为"生产线上的 120"，为科研、生产提供了有力保障。

精益求精 练就高超技艺
无私奉献 成就人生价值

王刚

# 目　录
## Contents

# 引　言
## Introduction

在当今飞速发展的时代，创新是推动各领域发展的关键力量。在加工制造领域，技术和技法作为实现目标和解决问题的手段，其创新不仅是对既有方法的改进和优化，更是对未知领域的勇敢探索和突破。它不仅是技术层面的革新，更是思维模式的转变，是对传统认知的挑战和颠覆。

"不积跬步无以至千里，不积小流无以成江海。"每一次技术的重大变革都源自无数微小技术进步的积累，正是有了无数优秀的技术人员、工匠人才的实干与创新，拼搏与奉献，才有了众多引以为傲的大国重器的诞生，推动了党和国家各项事业的发展进步。

然而，技术和技法的创新并不是一蹴而就的，它需要敢于创新的勇气、敏锐的洞察力、扎实的知识储备和坚持不懈的探索实践。在这个过程中，可能会面临无数困难和挫折，可能会因此付出大量的时间和精力，也可能会遇到阻碍和反对，如果没有不畏艰难、百折不挠的精神，没有敢于创新、敢于探索的勇气，没有坚定的信念和执着追求的决心，就不可能取得真正的成功。

如今，我们正站在一个新的历史起点上，面临着前所未有的机遇和挑战，甚至是风险和考验，我们唯有牢牢把握科学技术这一决定国家发展命运的核心要素，推动科技创新发展，实现科技自立自强，加快建设科技强国，才能立于不败之地，实现中华民族的伟大复兴。

　　本书所讲述的工作法是对传统铰孔加工方式的突破升级，主要采取以切削条件变化来精准施加影响的全新思路和方法，实现了铰孔加工精度的提升以及加工过程的可调性、可控性、稳定性。该工作法具有广泛的指导和借鉴意义，可以以全新思路来解决切削加工中精度控制方面的问题，通过此方法经验和思路方向，我们可以有非常大的拓展空间。在实际加工过程中，其影响因素众多，衍生出的方法也各异，无法全面详述，只能略说一二。只要一切以真实准确的试验数据为准，并根据实际情况采取灵活的方法、策略去应对，就能够轻松驾驭操作过程，实现精准操控的目标。

# 方法概述

在机械加工中，孔的加工工艺多种多样，主要包括钻孔、扩孔、镗孔、铰孔、车孔、铣孔等，此外还有拉孔、电火花打孔、激光打孔等，均可实现孔的精加工。不同的加工工艺具有各自的特点，如加工精度、表面质量、成本效率等，因此适用于不同的应用场合。

铰孔是精密孔精加工中最常见的加工方式，在实际生产中应用较广，如图1、图2所示。尤其是在小直径孔加工方面，相对于其他加工方式，如内孔磨削、镗孔加工，它是一种较为经济实用的加工方式。铰孔是采用铰刀去除被加工孔壁上微量金属层的过程，铰削实际上是一个切削、刮削、挤压、摩擦等综合作用的过程。铰孔的一般加工精度可以达到 IT9~IT7 级，表面粗糙度 $Ra$ 一般为 0.8~3.2μm。总体来说，铰孔加工具有成本低、效率高、尺寸精度高、几何形状和位置精度好等优势，但也有加工孔径受刀具限制，

图 1　航空发动机

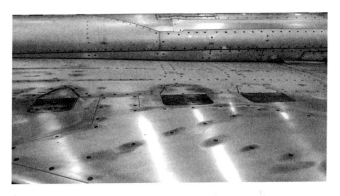

图 2　航空飞行器

孔的轴线偏斜很难修正，以及加工经验和技巧对加工结果影响较大等待改进之处。

对于精度要求较高的铰孔加工，通常采用钻—扩—铰的工艺方法，生产实践过程中，加工的孔径公差在低于 0.005mm 时，铰孔加工精度的稳定性就很难保证，极易出现孔径超差状况。为了解决高精度铰孔的系列问题，笔者专门进行了大量的研究试验，总结出了一套高精度铰孔加工孔径精准控制的方法，经过多年的实践检验，该方法稳定可靠、精准度高，并且能够用一把铰刀（见图 3、图 4、图 5）实现不同孔径的微调。

高精度铰孔精准控制技术主要是利用切削条件变化对加工精度施加影响来实现精准控制的，即在不同的切削条件下，铰孔加工过程会受到相应的影响，从而使切削精度发生变化，将若干种变化进行试验试切得出具体数据，将这些数据按序排列，按需制定方案，就形成了具体的专属

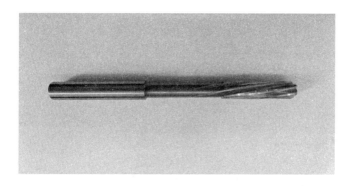

图 3　机用铰刀

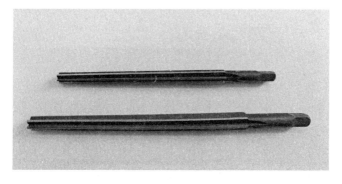

图 4　锥度铰刀

图 5　带前端引导的铰刀

方法。

依靠合理改变切削条件，根据试切数据施加可控的影响，从而获得所需要的加工精度，这是该方法的主要特点之一。依靠这种总体策略和原则，在实践中可以衍生出成百上千种具体工艺方法，这些具体方法都必须经过试验试切环节取得具体数据才能确定，必须建立在试验数据的基础上，这是不可改变的原则。该工作法具有极大的灵活性，只要方法合理得当，效果稳定可靠，我们就可以任意采用单一条件变化或多条件组合的方式灵活制定具体的工艺方案，但所依据的条件必须满足相对可控的要求，并能够具有良好的稳定性。

该工作法具有很强的通用性和启发性，更是一种技术应用策略，利用该工作法可以更加灵活地确定具体工艺方案，还可以探索研究更多的未尝试过的工艺方法，并总结和分析各种方法的应用效果和差异。但所有方法都有它的特定性，精度要求越高，这种特定性就越明显，任何微小的条件改变都可能会影响到加工结果，所以必不可少的试切环节是最重要的依据，实施过程要非常严谨，测量数据一定要准确，所采集的数据具体值只在同等条件下有效。

第二讲

# 影响精度的因素

在本工作法中，我们要重点了解分析加工过程中能够对加工精度产生影响的所有因素，如能对各类影响因素进行稳定控制，就能最大程度保证加工精度的稳定性。有别于一般精度的加工，在实施高精度孔加工过程中，能够对精度产生影响的因素非常多，以往被忽略的很多因素也会变得相当重要，很多从前想要规避和消除的不良因素，在本法中可能正好相反，都能影响加工精度。这些影响因素是随着精度要求变化而变化的，在铰孔加工精度要求一般时，有很多因素基本可以忽略不考虑。但是随着精度要求的逐步提高，能起到控制作用的关键因素就会越来越多，尤其在趋近加工精度的极限时，之前从未做过考虑的细微因素可能都会成为决定成败的关键因素。

这些对加工精度产生影响的因素涉及方方面面，如刀具参数、切削参数、机床精度、工艺装备、环境温度、测量等，很多环节失控都会造成巨大的质量风险。因此，在实施高精度加工过程中，如果不能准确掌控这些因素，那么加工过程将会面临重重危险，极易造成质量问题。如果能够合理利用这些影响因素，就能够成为精准控制的手段，从而化"敌"为友，化不利为有利，极大降低精度失控的质量风险。

正如《孙子兵法》所说："知己知彼，百战不殆。"兵法如此，在机械加工领域也同样适用，对加工原理了解得越透彻，实践经验积累得越多，操作技巧掌握得越精细，才能在操作时越得心应手、游刃有余。

下面简单列举几个方面。

## 一、铰刀

铰孔加工的主体就是铰刀，因此刀具的质量非常重要。铰刀的类型繁多，优劣不同、性能各异，如图 6 所示即铰刀之一种。根据铰刀的使用方法，铰刀类型可分为机用铰刀和手用铰刀、粗铰刀和精铰刀、普通铰刀和锥度铰刀；根据切削刃结构的不同，可分为直刃铰刀、斜刃铰刀、螺旋刃铰刀；根据铰刀材质的不同，可分为高速钢铰刀、硬质合金铰刀等。不同类型铰刀的适用场合也有差别，还有铰刀的几何参数、制造精度、刃磨质量等，都会对铰孔加工精度产生直接影响。

## 二、机床

一般情况下，机床（图 7、图 8 为铰孔加工中常见的两种机床）对普通铰孔加工的影响较小，因为普通铰孔的公差较大，只要机床不存在较大问题就基本能胜任。但是对于高精度铰孔加工过程，我们则是必须对机床的各方面性能和精度加以考虑，并有必要对机床精度进行测量和调整，

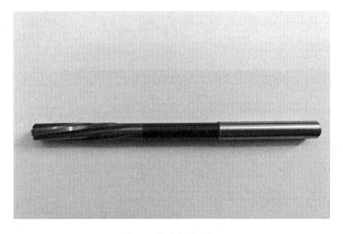

图 6　高速钢机铰刀

图 7　五轴数控机床

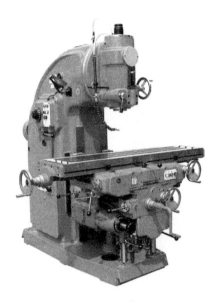

图 8　铣床

以确保加工过程中的精度,降低加工风险。机床对切削过程产生的影响主要体现在以下几个方面:机床的稳定性及刚性(振动及挠曲),关键部位的静态精度和运动精度,主轴、工作台的相对位置精度(常见的如机床主轴轴线和工作台台面的垂直度、工作台台面同进给运动方向的垂直度等),刀具夹持系统精度(如夹持刀具的径向跳动量、同轴度),等等。

## 三、测量

测量环节非常关键,测量不准确,精度控制便无从谈起,在实际生产中因为测量引起的质量问题非常多见,对于高精度加工来说,测量难度随之加倍。在测量过程中,量具的制造误差、校准误差、使用误差等诸多方面都会使测量数值出现偏差,误差的累积有时会很大,甚至直接超出精度要求的范围。因此,最大限度地减少测量误差，使测量的数值更加精准，是实施铰孔高精度加工的重要基础。

## 四、切削参数

在切削参数上，对精度控制影响最大的主要是切削速度和进给量。虽然不同类型的铰刀和被切削材料在参数设置方面有着一定的合理范围，但不同的切削参数对于加工精度和表面质量仍有细微的影响，是加工过程中需要重点考虑的因素。

## 五、加工环境

环境温度是在加工过程中需要重点考虑的因素之一。由于金属材料热胀冷缩的特点，金属材料伸缩率会随着温度变化而变化，我们通常也称为膨胀系数，不同金属材料的膨胀系数各异。由于温度的变化会使加工过程受到相应的影响，因此不仅要关注切削温度变化，还要考虑环境温度情况，在实施高精度加工时，有必要在标准温度环境内进行，如不具备条件也应将温度影响因素考虑在内，具体见表1。

表1　常用金属材料膨胀系数

| 材　料 | 线膨胀系数（$\times 10^{-6}$℃） |
|--------|------------------------------|
| 一般铸造铁 | 9.2~11.8 |
| 一般碳钢 | 10~13 |
| 铬钢 | 10~13 |
| 镍铬钢 | 13~15 |
| 铁 | 12~12.5 |
| 铜 | 18.5 |
| 青铜 | 17.5 |
| 黄铜 | 18.5 |
| 铝合金 | 23.8 |
| 金 | 14.2 |

温度的变化也会使量具精度发生变化，在校准温度下对量具进行校准，当温度发生变化时，

应将量具放置一段时间，使其达到稳定状态后再使用。此外，量具还要远离热源，避免阳光照射，避免震动和容易磕碰的环境，以减少对铰孔精度的影响。

另外，由于受到重力因素的影响，机床和工件常常产生应力和变形。尤其是在卧式机床上，如果主轴悬伸较长的话，这种影响会更大一些，在高精度加工时要特别注意。

## 六、装夹和定位

装夹和定位是产生各类误差的集中环节，对铰孔加工精度的影响较大（见图9），在装夹过程中会产生定位误差、对刀误差、夹紧误差、基准误差等。装夹过程还会使零件变形，这些都直接影响加工精度。在装夹时，各种装夹方式对零件施加的作用力不同，影响程度也不同，我们常见的装夹方式有夹、压、顶、拉、挤、撑、吸、粘等。装夹过程中，零件因受力而产生一定的变形，加工结束解除装夹后，零件变形会回弹，会使加工的孔发生形变，从而降低加工精度，尤其是对刚性不好的薄壁结构的影响比较大。因此在铰孔加工时，装夹方式、装夹位置、夹紧力度等需要非常慎重。

## 七、材料

通常材料自身因素对加工精度影响较大的有硬度、强度、刚性、韧性、热膨胀系数等几个方面，通过物理、化学作用对加工过程产生各种影响。由于不同材料有着不同的加工特性，因此需要根据材料特点来选择合理的加工方案、刀具类型、切削参数等，以取得良好效果。目前，很多常见材料都经过大量生产实践的检验，其特点和规律都掌握得很清楚，形成了专业标准，而对于一些新材料的加工，我们还需不断探索和实践才

图 9　精密夹具

能很好地去应对。

材料内应力对加工精度的影响不好掌握和控制。材料在经过冷热加工后，通常会产生一定的内应力并处于平衡状态，当进行切削加工时，受切削作用力、温度变化以及去除材料等因素的影响，内应力会发生变化从而重新分布，原有的平衡被打破再达到新的平衡状态，将使得零件发生形位变化，从而影响铰孔加工精度。

零件内部应力的分布情况极其复杂，很难掌握其规律，对切削精度的影响也是多方面的，我们可以采取高速切削、多次加工等适当的方法来尽可能减小应力形变对铰孔加工的影响。

## 八、底孔质量

不同于镗孔、铣孔等其他孔的加工方式，铰孔加工对底孔的要求较高，若底孔的圆度不好，能够得到适当修正，但是轴线偏斜是难以修正的，因此在底孔加工时就需要保证一定的精度。一般来说，高精度铰孔时，底孔加工通常是采取多次切削加工完成的，钻孔加工完成后采取扩孔加工和半精铰孔加工，以使孔的圆度和轴线位置精度更加精准。

加工余量在合理的范围内，才能最大限度地保证高精度铰孔满足加工要求。因此加工余量的大小比较关键。通常来说，加工余量过大会对孔的加工精度、表面质量产生较大的影响，严重时还会造成铰刀崩刃或碎裂折断。以较小的加工余量进行切削对高精度铰孔常常是必要的，历经多次半精加工，孔的精度逐步提高，最后只需重点确保孔径精度就可以了。在高精度铰孔加工时，采用较小的切削量是比较常见的方法。

## 九、冷却润滑

切削液在切削加工过程中主要起到冷却、润滑和清洗作用，如图10所示。切削液的使用会将切削加工时产生的热量带走，减少刀具和材料间的摩擦，降低刀具磨损速度，将切屑冲走，有利于切削进行。切削液在加工过程中应用广泛，有着不可替代的作用。

在高精度铰孔过程中，我们重点关注的不是切削液的冷却、润滑作用，而是切削液在切削加工过程中对孔径精度的影响。通过研究试验发现，在同等条件下，不同类型的切削液在切削加工过程中对孔径精度的影响不同。如果对这一特点加以利用，调整切削液就可成为控制铰孔加工精度变化的较好方法。

图 10　采用内冷方式冲注切削液

第三讲

# 具体实施方法

　　高精度铰孔精准控制技术所涉及的具体方法都是建立在实践基础上的，一切以试验试切数据为准。基本方法是：加工底孔—选择刀具—试验试切—制定方案—正式加工。首先，按要求加工底孔，再根据被加工材料的特点、技术要求、机床特点等已知条件进行刀具选用；刀具按照标准要求经过试验试切后，如果数据差距过大则需要更换刀具或采取修磨措施，然后经过再次试切确认，误差值在一定范围内可以进行下一步试切试验。其次，初步确定若干项切削条件变化试验组，将试切得出的数据进行统计分析，如满足加工过程精准控制的要求以便进行实际加工，不满足则再调整切削条件变化选项进行补充试验，直到全部满足切削过程精准控制条件为止。再次，根据实验数据确定单一切削条件变化的加工方案或多种切削条件组合应用的加工方案，最后进行正式加工。

## 一、底孔加工

当零件做好加工准备，已经在机床上完成装夹并找正时，就可以进行铰孔加工前的底孔加工了。首先进行主轴的定位，让主轴中心和孔轴线的既定位置关系确定。其次，钻孔一般使用钻头（见图11）加工，为确保位置精度，普通钻头在加工前需要使用中心钻，使用定心性能较好的三刃硬质合金钻头；钻头长度尽可能选择短些的，满足加工深度要求即可。再次，钻孔过程切削参数的选择在合理范围内以求稳为主，较小直径的孔直接使用钻头加工即可，直径大些的孔还需要进行扩孔加工，通常使用扩孔钻，也可以采用铣刀，以直线方式进刀或数控机床以螺旋和圆弧方式进刀。最后，底孔加工质量也要重视，尽可能保证其各项精度，尤其是轴线精度。

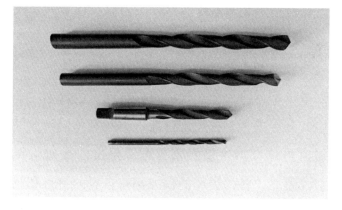

图 11　高速钢钻头

## 二、铰刀的选择

本工作法对于铰刀的选择并无特殊要求，只需按照通常标准选择铰刀即可。常用的机铰刀有直齿和螺旋齿两种不同的齿形。一般来说，螺旋齿铰刀切削平稳、排屑较好、刀具寿命长，在适合的范围内可以优先考虑。螺旋齿铰刀的螺旋槽分为左旋和右旋两种，主要是排屑方向不同，我们可以根据需要来选择。铰刀材质有高速钢、硬质合金等多种，在切削性能上也各有不同。另外还有可调铰刀，铰刀直径可以根据需要进行调整。总之，各种类型的铰刀都有自身的特点和应用场合，应根据实际情况进行选择，但对于高精度铰孔加工方法来说差别不大。

## 三、新刀试切

首先，新的铰刀都要经过试切，以确保其尺寸精度在合理范围内，选择标准的切削参数和相同的切削条件进行试切加工，加工完毕后对已加工孔进行测量。其次，通过测量，如果孔径误差在合理的范围内，则不需要进行修磨环节；如果误差过大，铰刀的实际直径大于加工要求尺寸过多，则需更换铰刀或进行修磨环节。最后，如果铰刀直径过小，可以选择更换刀具或是作为半精加工环节使用，如有条件，最好选择多把铰刀进行试切备用，这样能够使精度控制上有更多的选择。

## 四、铰刀修磨

通常来说，铰刀直径是稍微大一点的，即使在调整方法可控的范围内，为减少加工风险，也要使铰刀直径稍微小一点为好。对于铰刀直径过大的情况，首先选择的方法是修磨，就是将铰刀直径修磨到合理范围内。铰刀研磨方法有很多种，一般以修磨刀带和后刀面为主。铰刀的修磨量通常不大，我们可以选择手工研磨的方式，方法较为简单。手工研磨需要根据刀具材料和去除量选用合适的磨料，实践中经常使用的磨料有油石、陶瓷、软质材料、研磨膏等。这些材料的磨削性能差别较大，使用时要以适合的角度、力度依次修磨每个刀刃，施加的作用力一定要均等，每个刀刃修磨次数和运动方向也要相同，尽可能保证去除余量一致。

铰刀经过修磨后要确定是否修磨到位，还需要采取试切验证，以标准模式下切削后孔径测量精度为准。这里说的标准模式即铰孔加工的通用方法，可以根据经验选择设定，各项参数要相对固定，并且能够与精度控制方法相匹配，确定后以此作为铰刀修磨后试切校验的标准方法。手工修磨操作水平对刀具精度和修磨效率有很大的影响，需要在实践中不断掌握经验技巧，一次不成功就再继续修磨，直到达到要求为止。

为了更好地提升修磨水平，可以采取影像设备进行微观放大观察，同时使用刀具测量仪器进行辅助测量。精密仪器的使用不仅能快速提高操作水平，还能够促使精准掌握修磨精度情况，如果铰刀修磨得当，可以满足加工精度需求，这样会大大提高效率。

关于手工修磨采用的磨料，有必要进行专门的研究，将适合铰刀修磨的多种磨料一一进行修磨试验，从某些软质材料到油石、陶瓷等，研磨次数由少至多，仔细检测试验结果，包括表面粗糙度变化、孔径精度变化、切削状态变化等，总结记录铰刀直径去除量从少到多的排列顺序，确定出各种余量范围使用哪种磨料最为适合，哪种磨料使用起来最简单，主要还是最适合自己的操作应用。

## 五、切削试验

如刀具经过初步测试验证后符合使用要求，就要进行确定工艺方法的试切试验过程，这是决定加工质量的关键环节。试验方法选择可以先根据经验判断，每次试验加工后获得的加工数据都要做好记录，不仅作为此次加工的依据，也可为后续工艺方案选择制定提供参考依据。当试验数据积累得够多时，我们对该项试验会有更深入的掌握，不仅可以提高试切试验效率，还能够熟练地运用该项技法实施精准加工。

当某些方面的试切试验数据经过足够的实践，有力验证了方法的可行性、可靠性，加工过程始终保持相对稳定时，就可以作为标准方法固定下来，后续的生产加工便可以直接借鉴，优先选择。很多好的方法都是通过长期的实践经验积累形成的，技法运用也会熟能生巧，凭借经验就可以准确判断。但是，试验试切环节一定不能省略，这是非常关键的步骤。该方法最重要的一点就是以试验数据为调整依据，经验再丰富，技法再纯熟，都必须经过试切验证以确保万无一失。虽然试验试切环节必不可少，但是深入掌握、熟练应用后一定可以减少试验次数，这样就可以极大地提升试验环节效率。

试验试切首先从已确定的标准方法开始入手，一般先采取单一要素的变化进行数据采集。在实践中，常用的控制方法有切削参数变化、切削液调整、多次加工以及组合应用等多种，这些方法基本能够满足高精度加工需要。在满足质量稳定性要求的前提下，应尽可能选择简单高效的方法，下面简单叙述几种常用的试验试切选项。

### 1. 参数变化

通常情况下，在铰孔加工过程中，切削参数发生变化会对孔径精度产生一定的影响。通过试验试切环节确定这种方式是否可以加以利用，对精度影响过小则不适合利用，如条件适合就可以作为调整策略进行应用，同时须进一步采集数据进行验证。一般是对切削速度、进给速度、切削量在合理范围内进行调整，试验数据采集先采取最大和最小原则开始测试。根据实际情况再进行中段测试，如有必要可以在范围区间依次取中进行，整理并记录试切试验数据；也可以进一步测试各种不同切削参数情况下的影响变化，主要根据经验进行判断选择，可能会有多种匹配类型需要进行测试验证。通常来说，试切试验越深入，数据采集越细致，对参数变化对加工精度的影响就掌握得越清晰。

### 2. 多次加工

多次加工主要是对加工余量进行控制和修正的过程，对不同余量状态下铰削效果的差异实施调控。在有些情况下，铰孔加工的底孔余量较大，需多次粗加工进行余量去除和精度修正，对于底孔轴线的修正可能会利用粗、精不同类型的刀具完成，以达到所需的效果。由于刀具是切削过程的主体，不同材质、不同类型的铰刀切削性能各不相同，与各种方法相匹配后的效果可能也不同，同种刀具的切削效果也会出现差异，致使切出的孔径会不同，因此每个刀具都要经过试切试验环节，得出试验数据备用。试切试验过程中，我们将不同余量状态下的铰削实际去除量逐一进行试切，记录好试验数据。还有较为关键的一点就是，在每个试验组进行一次铰削加工后，位置不动，进行二次进给加工，再测量二次加工后的精度变化情况，并做好相应记录。通常二次加工是实施高精加工调整的常用方法，因此在试切试验过程中要严格做好试切过程的各项工作，进行精准测量和详细记录。

粗加工、半精加工、精加工各有侧重，在最终精加工前的几次半精加工，其主要目的是精准控制加工余量，以便在后续精加工过程中减小误差，提高加工精度和降低加工风险，最终稳定地按照精度要求完成高精度孔的加工。

### 3.切削液调整

切削液是铰孔加工中最常用的辅助材料，我们所熟知的切削液主要起到冷却、润滑、排屑等作用，但是在该方法中则起到对加工精度调整的重要作用。切削液是生产中最为常见和常用的材料，在实现高精度铰孔加工中也是最易操作和调整操控最为理想的方式，是高精度铰孔加工调整方法的主要手段。

切削液的种类非常多，包括油类、乳化液等，有各类矿物油、动植物油、合成的润滑油、各类水溶液等。不同的切削液应用的加工领域有所区别，但总体上来说切削液对于铰孔加工的适用性较广。除了一些特定的方面有些切削液的使用存在某些禁忌，其他并无较大的影响，我们主要看其在高精度铰孔加工中对加工精度的影响程度。在实际生产中，我们常常根据现有的切削液种类作出选择和调配，就可以满足一般性需求，实用性特别强。

在很多年前，笔者在着手研究高精度铰孔加工方法时，查阅了很多相关资料，但有关切削液如何影响加工精度的深度研究以及对于如何将其弊端转化为保证加工精度的有力方法，并未查询到相关资料。但是，多年的实践经验让笔者坚信，利用切削液对加工过程施加影响进而掌控加工精度一定会实现，这将是最为直接而又简单高效的方法。经过大量的加工试验，笔者在实施方法上研究了许多配比方法和组合方式，最终验证了这种方法是非常可行的、稳定的。这种思路和方向是正确的，对于种类繁多的切削液和无数的组合方式，可以形成大量的可行方案。加之不同加工环境、不同铰刀装备等生产条件下，切削液对于加工精度的影响也存在差异，这决定了该方法一定要建立在试切试验得出的准确数据基础上。在长期总结积累的成熟方法上进一步结合试切试验数据进行操控，就能够稳定地操控加工过程。

如何测试出各种切削液的效果呢？首先，以一种常用的切削液实际效果作为标准（平时最常用的切削液就可以），其他各种切削液均以此进行比对，对常用的单一类型切削液进行逐一测试，得出各类切削液的实际效果，产生的影响或增大或缩小或是几乎无影响，按照从小到大的顺序列表，基本确定它们之间的使用规则，具体能否匹配还得看是否符合精度要求。如果所测试的多种类型的切削液不能满足高精度加工的需求，还需继续拓展切削液的类型，再进行相关试切试验，当然这只是从单一利用切削液控制的角度出发，实践中经常以多种方式组合进行调整控制。

单一类型的切削液测试不能满足要求时，还可以进行浓度和配比的相关实验，比如水基切削液可以控制水的稀释比例。根据实践经验来看，浓度控制是能够取得相应效果的，在生产中曾较多地应用过。我们还可从充注量上考虑，即控制供液方法、压力和流量的调整方式，通过相关实验找到适合的方式方法，充分发挥出切削液的实际效能。另外，多种同属类型的切削液可以进行相应配比混合使用，这样混合使用的方式能够产生足够多的新类型切削液，在方法选用上也就有了更多的挖掘空间。在生产中曾使用过各种油类切削液进行混合使用，原料配比不同取得的效果就不同，当某一系列配比能够满足加工要求时，可以作为标准方法确定下来，后续加工可直接按照配比进行试切试验，取得相关数据后开展加工过程，可以提高生产效率。

## 4. 组合方式

组合方式应用涵盖无数变化，属于各种影响因素综合应用，当没有经验可循的时候，难度是最大的，开展相关实验研究也是颇费工夫的。当实践经验积累足够时就会形成一定的标准程式，因此开展大量的试切试验，积累相关试验数据，建立一系列标准操作法，我们的应用过程将会愈加顺利，对于加工精度的掌控也会愈加得心应手。

纷繁复杂的组合应用如何能更好地确定和发现，首先要从单一要素变化的情况进行深入掌握，在所有条件一定的基础上深刻了解精度变化的曲线，最好是能够掌握其变化的原理，如果不能知其原理也要掌握实践经验，一项一项地不断积累。其次，根据单项试验数据分析，开展简单的组合试验，综合考虑实验加工结果和单一要素变化之间的关联，这需要我们具有较高的分析判断能力。

从简单的组合应用开始，逐步增加要素选项进行组合应用，慢慢形成复杂变化的局面，还要开启不断探索之路，探寻得越久就越能发现更多的好方法好路径，越能激发我们创新的热情。

### 5. 方案制定

方案制定是在试验试切的大量数据中进行分析判断，在符合精度要求的数据梯队中选出最稳定、最高效、最简单的方法组合。首先确定加工公差范围，加工公差范围越小，精度等级越高，调整控制难度越大。这就需要选择极具稳定性的调控手段，而且精度变化梯度越小，越有利于实施精准调控。最高效就是要在多种实施方案中选取效率最高的，最简单就是过程不烦琐，操作难度要尽可能降低。所有可行的调整方案经过总体综合分析判断后确定最终执行方案，最终方案同样要经过测试验证，结果符合要求再正式加工。

方案制定得好坏直接决定后续的切削加工效果，因此必须慎之又慎，做到考虑周全、细致入微，对潜在的各种风险要准确预判，对各个环节衔接是否顺畅要做细致考量，只有正确的决策才能有正确的结果。

为了能够让高精度铰孔精准控制不断积累升级，有必要建立实验数据库，将历次试验数据进行采集，对所有必要加工条件进行记录，并且可以轻松地进行数据比对，有助于分析判断和标准建立。

（1）生产实践示例一

一项零件材料为 45 钢，需要在普通铣床上加工直径为 6mm 的孔，孔深 30mm，其孔径公差为 0.005mm，整体加工难度较大，普通铰削方式难以控制加工精度。底孔加工钻头直径为 5.7mm，6mm 精加工铰刀为高速钢材质，粗铰选取硬质合金铰刀，生产中所用铰刀直径相差较大，经过粗筛留下几只误差较小的铰刀；根据余量大小选取适合的磨料，先采取手工磨削的方式对铰刀进行研磨，打磨过程要保证各刀刃余量均匀去除，再度试切，直径误差在合理范围内。

根据经验判断选取几项控制方式开展试切试验，记录相关试验数据，根据试验数据进行分析判断，确定一套完整的加工方案，试切结果完全符合技术要求，其过程如下：

先进行对刀操作，以百分表配合进行精准移距，按照"先横向后纵向"的原则，将主轴进行定位。

钻制底孔，切削速度和进给量适当，避免孔轴线出现歪斜，基本确保底孔孔径大小符合要求。

安装硬质合金铰刀进行一次粗铰，进行测量检测，确认孔距精度是否符合要求，出现误差将采取修正措施。

一次粗铰加工完毕后进行二次粗铰加工，孔的加工质量再次提升，再次测量后进入精加工环节。

精加工分三次完成，一次采用水基切削液进行充分浇注加工，加工完成后进行检测，然后铰刀和切削参数不变，进行二次精铰加工；此时涂抹多种油类混合切削液，进行二次精铰加工后检测，根据数值情况调整切削参数，切削液浇注方式不变，最后一次精铰加工完毕，测量结果完全符合要求。

（2）生产实践示例二

在带有自动换刀系统的数控设备上批量加工铝合金材料的孔类零件，该零件有数十个多种直径的孔，并且相同直径、相同精度的孔比较多，为提高加工效率，经过研究，决定采取多种规格刀具反复加工的模式，设置了钻孔—粗铰—半精铰—精铰的工艺方法。先准备相关刀具，每个环节配备一种规格刀具，尽可能选择加工精度符合要求的刀具，不符合要求的尽量采取手工修磨方式调整铰刀直径；在同样的切削液浇注条件下，主要采取切削参数调整的方法对每把铰刀进行调整控制；经过试验试切过程后，所有刀具准备工作完成，方案确定没有问题，开始正式加工。由于加工铝合金材料对刀具的磨损非常小，经过大批量的加工，其孔径精度仍然符合既定要求。

# 第四讲

# 常用的测量工具与测量方法

　　测量是决定精加工成败的关键所在，没有精准测量就没有精准加工，因此测量环节尤为重要。通常对于孔的测量主要集中在孔径和孔位上，测量方式也有多种，对于高端数控机床来说，如果机床系统精度足够，可以采用测头进行精准测量，采用机床测头测量具有精准度和效率都很高的优点。对于没有测头的机床则采用人工测量的方式，常用的测量量具有如下几种。


## 一、内径千分表

　　内径千分表（见图12）的示值精度为0.001mm，实际误差稍大些。校表采取标准环规，通过更换测量触头来调整测量范围。测量点为两点，一般能够反映孔的圆度，测量孔径范围较广。

图 12    内径千分表

## 二、三爪内径千分尺

三爪内径千分尺（见图 13）的示值精度为 0.001mm，由于是三点触爪测量，测量结果会和内径千分表有细微的差异，使用前用标准环规（见图 14）校准，操作较为简单方便。

## 三、内测千分尺

内测千分尺（见图 15）采用两爪设计，示值精度为 0.001mm，采用标准环规校准，使用时需注意测爪的方向，使用不当会影响测量精度。

## 四、塞规

塞规（见图 16、图 17）的测量范围较广，材质有金属、陶瓷等，常用的通止端设计，测量结果会比实际值稍小，一般用于孔径精度最终结果的检测。目前还有新式的电子塞规，使用前需校准，操作方便快捷。

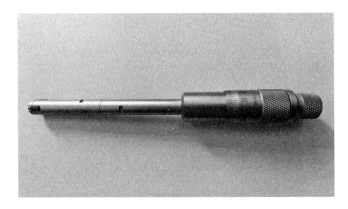

图 13　三爪内径千分尺

图 14　标准环规

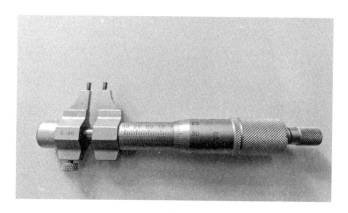

图 15　内测千分尺

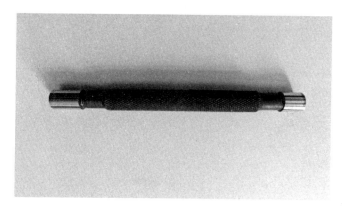

图 16　通止规

图 17    检测塞规

## 五、量块

量块（见图 18）是一种非常精密的测量工具，可以检定测量器具，也可以直接或间接地进行相关测量，常常在孔距精准移距中选用。

## 六、千分表

千分表（见图 19）的示值精度为 0.001mm，常用于直接测量、找正、精确移距等。铰孔过程中的精确移距需要千分表和量块配合完成。

关于孔的测量器具还有很多种，也有测量精度更高的测量仪器，在进行试切试验时尽可能地选用测量精准度高的测量仪器，这样能够极大地保证测量结果的准确性。在实际的生产应用中，一般仅使用常规的测量器具就能满足要求，对于精度要求较高的孔的测量一定要尽可能将测量误差降到最低，这也就对操作过程提出了更高的要求。相比孔径测量，孔距的测量有些难度，但好

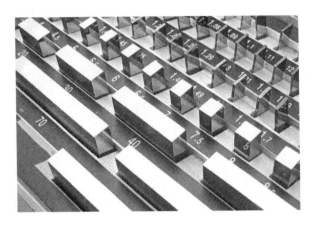

图 18　量块

图 19　千分表

在铰削加工过程中主轴位置一旦确定就不需要再移动了，因此只要实现精确移距就基本能确保孔距加工精度。

## 七、精准移距

对于孔位精度要求很高的情况，位移精度极高的数控机床能够准确保证孔的位置精度。但对于普通机床来说，为保证准确的位置精度就需要测量校验了，一般采用千分表和量块相配合的方式。起始位置或是孔轴线或是端面，则需要先确定主轴中心与孔轴线位置或端面相重合，可以使用杠杆千分表进行校准，也可通过在主轴上安装标准量棒的方式进行确定；主轴起始位置确定后，通过量块夹辅助固定的量块进行打表操作，将千分表测头接触到量块一端对零，再移动工作台或主轴，将千分表接触另一端基准面上再次对零，位移距离正好为设置的量块数值。该方法的用处广泛，具有操作相对简单、精准度高等优点，如图 20 所示。

对于普通机床的精准移距测量方法有很多，如孔轴线到端面的移距可以采取主轴夹持标准量棒的方法，主轴夹持好标准量棒，先进行跳动量检测，确定标准量棒的偏差数据，在其零位点上画线标记，将标准量棒零位点一侧与零件基准端面进行位置确定，可以以标准量块或塞尺辅助调整，起始位置确定后，再采取千分表和量块配合进行精准移距，如图 21 所示。

我们也可以采取在端平面辅助贴合测量块，再将调整好的标准量棒移到大致位置，在辅助贴合的测量块和标准量棒之间加置量块调整，在设定的标准量块正好通过两者之间、摩擦力刚好适中时最为准确，操作手法需要在实践中逐渐掌握提升。使用的标准量棒还是要确定好零位点，一切测量均以零位点进行测量，如图 22 所示。

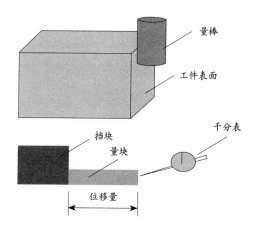

图 20　移距方法 1

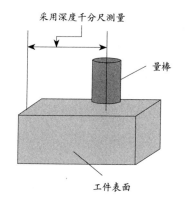

图 21　移距方法 2

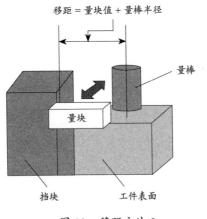

图 22　移距方法 3

对卧式机床进行铰孔，在主轴或刀杆悬伸过长时，要注意重力带来的影响，主轴或刀杆加工会有一定的挠曲度，在一定程度上会影响到孔距精度，这就需要半精、精加工后进行相关测量以确定补偿量，通过误差补偿就可以减少这种影响。

第五讲

# 注意要点

## 一、零件变形

任何材料都存在变形现象，只是变形大小的问题。材料变形对孔的高精度加工可能会带来影响，可能造成孔的圆度超差和轴线弯曲等状况，因此我们必须多了解材料产生变形的因素和防范措施。哪些因素会对零件产生变形影响呢？如加工过程中的夹紧力、切削力、内应力、温度、重力等因素都会对加工造成影响，对不同情况下可能出现的变形要有一个较为准确的判断。

很多时候都是材料的形状结构、装夹方式、重力、切削力等多重因素综合造成的影响，掌握了这些经验就能够在加工过程中消除影响或加以利用。

铰孔加工时需要应对的变形情况主要来自装夹过程，要对零件在装夹时的受力情况有足够的了解，零件在整体或局部受力时，都可能对孔的加工产生影响。装夹不合理时，零件将在受力变形状态下铰孔，在解除受力时，零件变形消除或部分消除，有可能造成孔的精度发生变化。因此要特别关注不同装夹方式的受力情况，重点从力的大小、方向、作用点这三要素考虑，就是以适合的夹紧力大小、正确的夹紧力方向、合理的受力点位置完成装夹，就可以尽可能地减少变形风险。在实际生产中因为装夹不当而影响到产品质量的情况很多，尤其是在高精度孔的加工方面，在加工后进行测量完全没问题，一旦零件去除装夹后就出现了微小变形，造成孔径超差，因此在零件装夹方面我们一定要特别用心。

## 二、误差积累

在机械加工过程中，误差在任何时候都是存在的，许多微小的误差积累到一起就会产生大的误差，很多时候丝毫的误差就会酿成大的错误。操作过程中，我们能做的不是消除误差，而是以各种方法尽可能地减小误差。误差来自方方面面，机床制造精度、运动精度、量具制造精度、示值精度、校准误差、使用误差、夹具制造精度、定位误差、夹紧力、刀具制造精度、环境温度、切削力、材料内应力、冷却润滑介质等，每种因素都会对加工施加一定的影响，所以每个环节都不容忽视，只有全面了解和掌握才能有效应对，如图23所示。

## 三、高精度测量

高精度测量要在标准的恒温恒湿环境中进行，温度变化会严重影响测量结果。因此，零件加工后需要冷却到标准温度再进行测量，对于测量器具应避免人为因素造成的温度变化过大，测量器具需精确校准，测量过程要正确操作、恰当施力，避免出现磕碰情况，量具测量接触面要擦拭干净，以免油污影响测量结果。

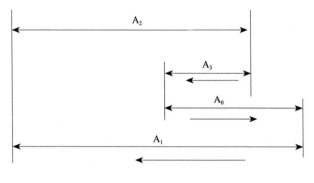

图 23  尺寸链计算

对于孔径的检测，应在两端及中间分别测量。加工过程中也可能会出现孔的两端直径不同的现象，并且还要采取径向两点测量的方式检测孔的圆度，如使用内径千分表等量具进行检测，出现上述现象则要采取措施调整，使之符合技术要求。

在对极高精度的孔检测时，有必要做专门的试切试验，加工完成的孔采取高精度的测量设备以及显微影像测量设备等进行检测，以便掌握更多细节，更有利于精加工技术的提升。

## 四、底孔的修正

在铰孔之前的底孔是需要用钻头来实现的，但很容易造成孔的轴线偏斜和孔的圆度超差现象，轻微的圆度超差在铰孔过程中能够适当地得到修正，但是孔的轴线偏斜就会影响后续铰孔的加工，因此应尽力避免出现底孔轴线偏斜的情况。通常会用中心钻钻出引导锥孔，钻头切削刃修磨的对称性要好，出现磨损要及时更换铰刀，刀体摆动量要小，切削参数设定在合理范围内，保持切削液充分浇注，及时做好排屑，以避免出现积屑堆积，影响加工质量。

对于孔的轴线已经出现偏斜的情况，如余量还够则需采取补救措施，利用扩孔钻，在一定程度上可以修正偏斜的情况，或是采取其他铣刀类刀具进行适当的修正；如其他方式均不适合，也可采取镗削方式进行修正。修正方法很多，我们一定要选择合适的方式。

## 五、切削液的选择

切削液的选择先要满足加工要求，尤其是表面质量一定要满足要求，可以实现加工精度的调控；具有与被加工材料和环境相匹配的物理和化学性质，重点关注对金属材料的腐蚀方面，还有环保和安全性要求，很多切削液对皮肤和呼吸道会产生不良影响，一定要做好安全防护措施。另外还要具有经济性，能够有利于控制成本。

在切削液的选择上，一般粗加工采取水基切削液，精加工采用油基切削液；切削铝合金等金属时，还要考虑切削液的酸碱度。

## 六、切屑清理

在铰孔加工过程中，切屑的产生对加工过程和加工质量都会产生不良影响。切屑的堆积会使孔的加工质量下降，刀具寿命缩短，加工时振动加大，严重时还会损坏刀具。切屑还会粘结在刀刃上形成积屑瘤，使加工精度难以控制。因此需要采取必要的手段将切屑顺利排出，一般是采取螺旋刃刀具和下排方式，以切削液带走切屑，还有必要将加工余量减小，分多次小余量地进行加工，这可以大大减少切屑带来的影响，降低质量风险。

## 七、切削振动

当主轴刚性不好或铰刀悬伸过长时极易产生振动，另外，薄壁零件加工时也易产生振动，振动会使孔的加工表面产生振纹，严重影响加工质量。实践中常采取降低加工余量、调整切削参数、修整铰刀等方式来降低振动的发生，对于薄壁零件则采取增加辅助支撑的方式来减少切削时的振动。

当加工过程出现振动时，优先考虑的就是调整切削参数，这是最简单直接的调整措施。很多时候，当切削参数发生变化，使振动频率离开共振点后，振动明显下降，对于此种情况的处理较为简单，但当经过一系列调整均无明显效果时，就可以采取其他措施。

## 八、铰刀安装

铰刀的刀柄在安装在主轴上之前（见图24），应将刀柄和主轴锥孔接触表面清理干净，清除油

图 24 精密刀柄

污和碎屑，检查刀柄接触部位是否有磕碰伤；刀柄安装完毕进行铰刀安装，将铰刀整体仔细观察，刀刃是否完好，有无崩刃，有无积屑瘤；尾柄清理干净，安装在刀柄上，夹紧后检测跳动量。铰刀跳动量可以使用千分表进行检测，手动拉起测杆，依次反向转过每个齿后放下，以微小转动观察每个齿的状态，得出铰刀的整体跳动状态。

## 九、新式铰刀

随着技术的进步，各类新式铰刀不断出现，如金刚石铰刀、可调铰刀、陶瓷铰刀等，在结构、材质、性能上都有很大的不同。虽然对很多铰刀的应用特性掌握得还不够，但这也给了我们更多的开发空间，可以不断探索高精度铰孔加工的新方法新路径。我们应该不断打开思路，在新式刀具的应用上拓展应用，掌握和开发更加有效的加工模式。

# 后　记

　　笔者参加工作的二十余年，正值祖国航空航天工业实现跨越式发展的辉煌时期，大批国之利器横空出世，有力地保障了国防安全。非常有幸作为参与者、建设者，亲身见证了这段难忘的历程，笔者深感骄傲和自豪。

　　回顾过往，感悟至深，从初出茅庐一直到如今的首席专家，一路走来并不容易，经受过很多型号研制的考验，经历过无数生产攻关的磨炼，接受过大量技术瓶颈的挑战，这些对笔者来说都是一种难得的收获，更成为笔者加速成长的助力。

　　成功没有捷径，只有一点一滴的付出，脚踏

实地的努力，持之以恒的坚持。学无止境，行以致远。唯有心无旁骛地勤学苦练，立足岗位深度锤炼，才能练就精湛技艺；唯有精益求精、追求极致，敢于创新、勇于突破，才能攀越技术高峰；唯有初心不改、矢志前行，不求回报、倾力奉献，才能成就人生价值。

大国工匠要心怀国之大者，当以民族振兴为己任，立足本岗，多作贡献，在科技日新月异发展的当今时代，不断学习新知识，努力钻研新技术，增量本领，与时俱进，为实现科技自立自强、不懈奋斗，为实现中国梦贡献智慧和力量。

2024 年 8 月

**图书在版编目（CIP）数据**

王刚工作法：高精度铰孔精准控制 / 王刚著.

北京：中国工人出版社，2024.10. -- ISBN 978-7

-5008-8530-6

Ⅰ.TG506

中国国家版本馆CIP数据核字第2024Y6T545号

# 王刚工作法：高精度铰孔精准控制

| | | |
|---|---|---|
| 出 版 人 | 董 宽 | |
| 责 任 编 辑 | 刘广涛 | |
| 责 任 校 对 | 张 彦 | |
| 责 任 印 制 | 栾征宇 | |
| 出 版 发 行 | 中国工人出版社 | |
| 地　　　址 | 北京市东城区鼓楼外大街45号　邮编：100120 | |
| 网　　　址 | http://www.wp-china.com | |
| 电　　　话 | （010）62005043（总编室） | |
| | （010）62005039（印制管理中心） | |
| | （010）62379038（职工教育编辑室） | |
| 发 行 热 线 | （010）82029051　62383056 | |
| 经　　　销 | 各地书店 | |
| 印　　　刷 | 北京市密东印刷有限公司 | |
| 开　　　本 | 787毫米×1092毫米　1/32 | |
| 印　　　张 | 3.5 | |
| 字　　　数 | 40千字 | |
| 版　　　次 | 2024年12月第1版　2024年12月第1次印刷 | |
| 定　　　价 | 28.00元 | |

# 优秀技术工人百工百法丛书

## 第一辑　机械冶金建材卷

100 ARTISANS AND 100 TECHNIQUES SERIES

郭玉明
工作法

复吹转炉底吹的
精准维护

100 ARTISANS AND 100 TECHNIQUES SERIES

金国平
工作法

炼钢连铸设备
智能化的
运维与改善

100 ARTISANS AND 100 TECHNIQUES SERIES

李兵
工作法

汽车发动机故障
诊断与维修

100 ARTISANS AND 100 TECHNIQUES SERIES

李凯军
工作法

压铸模具
制造

100 ARTISANS AND 100 TECHNIQUES SERIES

林学斌
工作法

连铸
电气设备的
点检

100 ARTISANS AND 100 TECHNIQUES SERIES

刘伯鸣
工作法

带直段锥体的
锻造与成形

100 ARTISANS AND 100 TECHNIQUES SERIES

刘更生
工作法

京作硬木家具制作
水磨、烫蜡技艺

100 ARTISANS AND 100 TECHNIQUES SERIES

潘从明
工作法

萃取设备的
设计与制造

100 ARTISANS AND 100 TECHNIQUES SERIES

裴永斌
工作法

弹性油箱
全自动数控
加工技术

100 ARTISANS AND 100 TECHNIQUES SERIES

邵志村
工作法

铜精矿火法的
双闪冶炼

100 ARTISANS AND 100 TECHNIQUES SERIES

王树军
工作法

设备的养护
与修理

100 ARTISANS AND 100 TECHNIQUES SERIES

王万松
工作法

热轧带钢
板形的控制

100 ARTISANS AND 100 TECHNIQUES SERIES

温广勇
工作法

玻璃纤维拉丝
设备的
维修与优化

100 ARTISANS AND 100 TECHNIQUES SERIES

文寨军
工作法

低热硅酸盐
水泥的制备
及应用

100 ARTISANS AND 100 TECHNIQUES SERIES

徐成东
工作法

肉眼秒判
奥斯麦特炉渣
含铅品位

100 ARTISANS AND 100 TECHNIQUES SERIES

郑久强
工作法

转炉炼钢炉型的
控制与操作

# 优秀技术工人百工百法丛书

## 第二辑 海员建设卷

蔡连财工作法
半潜船浮装操作

常洪霞工作法
公交安全驾驶与服务

陈宇航工作法
大型管道装配

陈竹祥工作法
汽车漆膜修补

程克辉工作法
常用焊接操作技能

勾常春工作法
盾构注浆"制—运—注"一体化集成系统

李燕肇工作法
古建彩画颜料调制及彩画工艺流程

廖明工作法
地铁司机应急处置技能培训

魏钧工作法
焊接十步操作法

吴喜军工作法
桥梁伸缩缝微创技术

翟筛红工作法
古建筑冰纹窗制作

竺士杰工作法
远控集装箱岸桥操作法

# 优秀技术工人百工百法丛书

## 第三辑 能源化学地质卷

100 ARTISANS AND 100 TECHNIQUES SERIES

陈可营
工作法

海洋油气生产
绿色数智化设计
与应用

100 ARTISANS AND 100 TECHNIQUES SERIES

程平
工作法

钻基60硬质
合金真空水冷
堆焊

100 ARTISANS AND 100 TECHNIQUES SERIES

丁正江
工作法

焦家式金矿
预测勘查

100 ARTISANS AND 100 TECHNIQUES SERIES

华伶利
工作法

松散地层
钻进取心

100 ARTISANS AND 100 TECHNIQUES SERIES

黄兆亮
工作法

航改型
燃气轮机蜂窝
封严钎焊修复

100 ARTISANS AND 100 TECHNIQUES SERIES

琚永安
工作法

架空地线
复合光缆的
电动旋切

100 ARTISANS AND 100 TECHNIQUES SERIES

李辉
工作法

用试验电压检测
变电站一、二次设备
交流回路整体
组合工况

100 ARTISANS AND 100 TECHNIQUES SERIES

李祖锋
工作法

抽水蓄能电站
控制测量
方案优化

100 ARTISANS AND 100 TECHNIQUES SERIES

刘清
工作法

煤矿无人化
智能开采
控制系统

100 ARTISANS AND 100 TECHNIQUES SERIES

毛玉泉
工作法

贵细中药材
鉴别应用

100 ARTISANS AND 100 TECHNIQUES SERIES

齐名
工作法

应用STC
单片机

100 ARTISANS AND 100 TECHNIQUES SERIES

秦钦
工作法

矿井安全监控设备
辅助安装及
故障分析处理

100 ARTISANS AND 100
TECHNIQUES SERIES

孙同根
工作法
S Zorb装置
优化

100 ARTISANS AND 100
TECHNIQUES SERIES

王月鹏
工作法
基于绝缘平台的
绝缘杆作业法

100 ARTISANS AND 100
TECHNIQUES SERIES

王跃
工作法
滴定分析的
判断与控制

100 ARTISANS AND 100
TECHNIQUES SERIES

杨新海
工作法
车载移动测量技术
在实景三维成果
质量检验中的应用

100 ARTISANS AND 100
TECHNIQUES SERIES

杨义兴
工作法
油田修井现场
清洁生产
技术应用

100 ARTISANS AND 100
TECHNIQUES SERIES

游弋
工作法
煤矿供电系统
防晃电
设计与应用

100 ARTISANS AND 100
TECHNIQUES SERIES

余姝
工作法
高陡峡谷区
地质灾害调勘查